I0464370

# schnelle & effektive

# Rechentricks

*Anleitung zu extrem schnellem*
*Kopfrechnen*

Autor Anne Bauer
Koautor Armando Elle

Copyright © 2014 Anne Bauer

All rights reserved.

ISBN-10:1502521652
ISBN-13:978-1502521651

# INHALT

Autoren

Vorwort                                                        1

Addition und Subtraktion                                       7

    Addition                               9

    Subtraktion                            13

    Subtraktion von natürlichen           23
    Zehnerpotenzen

    Addition und Subtraktion von Brüchen   27

Multiplikation und Division                                    33

    Multiplikation mit 5                   35

    Multiplikation sehr großer (mehrstelliger)   39
    Zahlen mit 5

    Multiplikation einer Zahl mit 11       45

    Multiplikation zweier zweistelliger Zahlen   55

Multiplikation beliebiger zweistelliger        61
Zahlen (vedische Methode)

Multiplikation von Zahlen, die nahe einer       67
Zehnerpotenz liegen

Multiplikation spezieller Zahlen                75

Quadrieren                                      79

Das Quadrat von zweistelligen Zahlen,           81
die auf 5 enden

Das Quadrat von zweistelligen Zahlen            85

Nachwort                                        89

Notizen                                         91

# AUTOREN

Anne Bauer ist freie Autorin/Lektorin und hat einen MA in den Fachrichtungen Anglistik/Amerikanistik, Angewandte Sprachwissenschaft und Philosophie. Die sportbegeisterte, sprachbegabte Deutsche spricht neben ihrer Muttersprache insgesamt 6 weitere Sprachen – 4 davon fließend. Nachdem sie einige Jahre nebenbei als Journalistin für verschiedene Zeitungen und Onlinemagazine gearbeitet hat, widmet sie sich seit 2013 vordergründig ihren eigenen Buchprojekten. Mehr Informationen über sie und ihre Buchprojekte gibt es auf ihrer Webseite: **www.annetopia.wordpress.com**.

Armando Elle ist Doktor der Medizin und hat zusätzlich einen Master in Business Administration. Der sprachbegabte und vielseitig interessierte Italiener lebt momentan abwechselnd in Turin und Mexiko Stadt und spricht neben seiner Muttersprache auch Spanisch, Englisch und Französisch fließend.

Die Autoren sind schon seit 2008 gute Freunde. 2013 haben sie sich zusammengetan, um Bücher zu schreiben, die von den verschiedenen Wissenshintergründen und Fähigkeiten beider profitieren. In ihren gemeinsamen Buchprojekten geht es den beiden besonders darum, günstige und mit sinnvollem Wissen gefüllte, leicht verständliche und gut zu lesende Bücher zu schreiben, die dem Leser sofort weiterhelfen.

# VORWORT

Kopfrechnen ist eine von vielen Fähigkeiten die Schüler, Studenten und Erwachsene in unserer technisch versierten Zeit immer mehr verlieren. Wir haben Taschenrechner und umfassende Kalkulationsprogramme und heutzutage hat sogar jedes Handy einen kleinen Rechner integriert. So kann man jederzeit auf die Technik zurückgreifen und es ist nicht mehr notwendig mathematische Gleichungen im Kopf zu lösen. Dabei ist Kopfrechnen eine gute Übung, deren Nutzen weit über das bloße Ermitteln eines Ergebnisses hinausgeht.

Du wirst sehen, dass schnelles Kopfrechnen mit Rechentricks sehr aufregend sein kann und außerdem auch großen Eindruck macht. Du glaubst uns nicht? Hier ein kurzes Beispiel. Löse folgende Aufgabe im Kopf, ohne Taschenrechner oder sonstige Hilfsmittel:

$65^2$

Das ist gar nicht so einfach, oder? Mit einem Rechentrick kannst du diese Aufgabe aber sehr schnell und kinderleicht lösen.

**Rechentrick:**

Multipliziere die Zehner (in dem Fall also die **6**) mit sich selbst plus 1. Dann füge noch 25 (das ist das Quadrat der beiden Einerstellen <u>5</u>) an die rechte Seite deines Ergebnisses hinzu.

<u>1. Schritt:</u>

$65^2$ oder **65** x **65** wird zu

$$6 \times (6+1) = 6 \times 7 = 42$$

<u>2. Schritt:</u>

6<u>5</u> x 6<u>5</u> wird zu <u>5</u> x <u>5</u> = <u>25</u>

<u>3. Schritt:</u>

die Ergebnisse aus Schritt eins (**42**) und zwei (<u>**25**</u>) werden zusammengefügt zu **42<u>25</u>**

$65^2 =$ **42<u>25</u>**

So schnell kann man die komplizierte Aufgabe $65^2$ in einfache Teilaufgaben wie 6x(6+1) und 5x5 teilen und sie somit sehr leicht und schnell lösen. Mit dem gleichen Rechentrick kannst du das Quadrat jeder zweistelligen Zahl, die auf 5 endet, berechnen.

In diesem Buch zeigen und erklären wir dir diese und viele andere Techniken und erläutern dir auch, wie du sie nutzen kannst. Dabei haben wir uns die Rechentricks nicht selbst ausgedacht, sondern greifen auf Rechenregeln der sogenannten Vedischen Mathematik und auch auf Ideen einzelner Mathematiker wie z.B. Gauß zurück. Du wirst sehen, dass du durch Kopfrechnen in verschiedenen Bereichen, wie beispielsweise dem strategisch und kreativen Denken, oder dem Erinnerungsvermögen profitieren kannst.

## Strategisches Denken:

Schnelles Kopfrechnen bedeutet vor allem, Strategien zu verwenden, die von den konventionellen Rechenwegen abweichen. Konventionell ist es zum Beispiel mit Stift und Papier und einigen mathematischen Grundregeln loszulegen. Bei dieser Herangehensweise entwickelst du keine eigenen Lösungsstrategien und somit erlernst du eine sehr mechanische Art zu rechnen und zu denken. Diese Denkweise wird meist während der gesamten Schul- und Ausbildungs- oder Universitätszeit beibehalten und beschränkt deine Denkweise dadurch. Mit dieser Art zu Denken kann man keinen einfachen kreativen Weg finden, um komplexe mathematische Probleme zu lösen.

Im Gegensatz dazu nutzt man aber beim schnellen Kopfrechnen durch Rechentricks bestimmte Strategien. Man muss hier die verschiedenen Wege erkennen, aussuchen, kombinieren und umsetzen können, um so schnell wie möglich auf das Ergebnis zu kommen. Wenn man also die Tricks des schnellen Rechnens nutzen will, lernt man, an Mathe mit einer Situationsanalyse heranzugehen und einen ‚Aktionsplan' aufzustellen. Das heißt, dass man erkennt, welche Technik zum Lösen der Aufgabe genutzt werden kann und diese dann umsetzt.

## Kreativität:

Um eine komplexe Aufgabe in kleine Teilaufgaben zu zergliedern, benötigt man viel Kreativität. Zwei Personen können das gleiche Ergebnis in der gleichen Zeit errechnen, obwohl sie zwei komplett verschiedene Wege wählen.

Die Kreativität des Einzelnen spielt dabei eine wichtige Schlüsselrolle, wie die Geschichte von Johann Carl Friedrich Gauß gut verdeutlicht. Als der berühmte Mathematiker 8 Jahre alt war, ließ ihn sein Lehrer als Strafe alle Zahlen von 1 bis 100 addieren. Gauß begann nicht die Zahlen ganz normal zu addieren, also $1 + 2 + 3 + ... + 100$, sondern stellte eine Hypothese auf. Er vermutete, dass die Zahlen von 1 bis 100 in 50 Paare aufgeteilt werden können und das die Summe der zwei Zahlen, die ein Paar ergeben, immer 101 ist ($100+1$, $99+2$, $98+3...$). Dadurch hat er in ein paar Sekunden geschlussfolgert, dass er lediglich 101 mit 50 multiplizieren muss um das Ergebnis (5050) zu erhalten.

Die Fähigkeit nach solch einer Lösung zu suchen und sie zu finden, hat einen Wert, der weit über das Berechnen des mathematischen Problems hinausgeht. Diese kreative Problemlösung stimuliert das Gehirn in einer außergewöhnlichen Weise und hilft auch scheinbar unlösbare Probleme im alltäglichen Leben kreativ zu lösen.

## Geistige Beweglichkeit und Erinnerungsvermögen:

Die mentale Übung des Rechnens bewirkt im Gehirn, dass sich auch andere Hirnfunktionen wie beispielsweise das Erinnern positiv weiterentwickeln. Wenn eine komplexe mathematische Operation im Kopf berechnet werden soll, muss sie in viele kleine Teiloperationen heruntergebrochen werden. Die einzelnen Zwischenergebnisse müssen dann wieder richtig zusammengesetzt werden. Bei diesem Prozess ist es entscheidend, sich die Teilschritte und Zwischenergebnisse korrekt und auch in der richtigen

Reihenfolge merken zu können, um sie wieder richtig zusammenzusetzen und zum richtigen Ergebnis zu kommen. Dementsprechend nutzt man hier ganz strak das Erinnerungsvermögen und kann es somit auch trainieren.

## Neugier:

Der Fakt, das schnelle Kopfrechenmethoden unkonventionell sind, macht sie extrem interessant. Während es schwer vorstellbar ist, dass man sich für die traditionellen Rechenmethoden begeistert, so kann man doch nachvollziehen, dass eine Gaußche Rechenlösung die Menschen neugierig macht – selbst wenn sie Mathe hassen.

## Selbstvertrauen:

Viele geben die Mathematik schon in jungen Jahren auf und meinen, dass sie nicht gut in Mathe sind. Das ist in den meisten Fällen nicht einmal wahr. Oft steht die Mathenote nicht im Verhältnis zum IQ der jeweiligen Person. Das Problem ist, dass viele Menschen von Mathe eingeschüchtert sind und entscheiden, dass es für sie nichts Interessantes ist. Schnelles Kopfrechnen und Rechentricks können in solchen Situationen den Unterschied machen und wieder Selbstvertrauen bei denen aufbauen, die die Mathematik aufgegeben haben. Du wirst sehen, dass du mit diesen Tricks das Quadrat von dreistelligen Zahlen wie 825 in weniger als 10 Sekunden ausrechnen kannst. Das Quadrat von zweistelligen Zahlen wirst du sogar in noch kürzerer Zeit berechnen können. Denkst du nicht, dass die

Fähigkeit, das Quadrat von Zahlen wie 46, 71 oder 38 in weniger als 5 Sekunden ausrechnen zu können, dir Selbstvertrauen gibt.

Dies sind nur ein paar der positiven ‚Nebenwirkungen', die man durch das Kopfrechnen hervorrufen kann. Es ist ausgesprochen bedauerlich, dass Rechentricks und schnelle Kopfrechenmethoden trotz dieser eindeutig positiven Auswirkungen in der Schule nicht gelehrt werden und heutzutage viele Menschen die Fähigkeit des schnellen Kopfrechnens und somit auch die positiven Nebeneffekte verlieren. Viele Techniken wie Erinnerungstechniken und Rechentechniken werden unterschätzt. Dabei kann jeder mit ein bisschen Übung diese Techniken erlernen und wird in den verschiedensten Bereichen davon profitieren.

Dieses Buch zeigt dir, das tatsächliche Potential deines Gehirns, komplexe Rechenaufgaben mit einfachen aber effektiven Tricks schnell im Kopf zu lösen. Wenn du diese Techniken erlernst, wirst du mathematische Berechnungen im Kopf schneller lösen können, als viele andere Menschen. All das ohne einen Taschenrechner oder ein anderes Hilfsmittel zu benutzen. Ganz nebenbei wird sich vor allem dein Gehirn über die neue Aufgabe freuen und sich dadurch weiterentwickeln. Vielleicht entdeckst du ja sogar, dass dir Mathe liegt und es gar nicht so furchtbar ist, wie du gedacht hast.

**Viel Spaß beim Lesen und Rechnen!**

Anne & Armando

# ADDITION UND SUBTRAKTION

Wir wollen dich nicht lange mit Theorie langweilen, müssen aber doch zumindest einige Grundbegriffe und Definitionen, die wir hier im Weiteren verwenden, kurz erklären. Wenn du sicher bist, dass du alle Fachbegriffe kennst, dann blättere einfach schon mal zum Kapitel Addition (Seite 9) vor. Für alle anderen hier eine kurze Begriffserklärung.

**Addition:** ist das Zusammenzählen zweier oder mehrerer Zahlen in der Form:

Summand + Summand = Summe

**Subtraktion:** ist das Abziehen einer oder mehrerer Zahlen von einer anderen Zahl in der Form:

Minuend – Subtrahend = Differenz

Das ist auch schon Alles, was du zu den verwendeten Grundbegriffen im nächsten Kapitel wissen musst.

# ADDITION

Bei der Addition ist das Geheimnis zum schnellen Berechnen das Gleiche wie bei vielen anderen Rechenarten – man muss komplexe Aufgaben zerteilen und vereinfachen, um schnell und effektiv zum Ergebnis zu kommen.

So kann man die Aufgabe

42 + 79

zerlegen und umzuwandeln in

42 + 70 + 9

Tatsächlich brauchen viele Menschen diese Art der Umwandlung bei der Addition von zweistelligen Zahlen nicht durchzuführen. Sie können die Zahlen auch ohne dieses Zerlegen addieren. Wenn du zu diesen Menschen gehörst, gratulieren wir dir, weil dies bedeutet, dass du eine Neigung zur Mathematik hast und dadurch bessere Resultate erreichen kannst, als der Durchschnitt. Sobald sich allerdings die zu addierenden Zahlen vergrößern, ändert sich die Sache und viele Menschen bekommen Schwierigkeiten. In diesem Fall ist es von großem Vorteil, wenn man in der Lage ist die Aufgaben zu vereinfachen.

Schauen wir uns ein Beispiel an:

514 + 385

Bei dieser Aufgabe musst du theoretisch gleichzeitig mit allen 6 Ziffern rechnen. Es ist natürlich nicht unmöglich, aber je mehr Ziffern, desto höher auch die Fehlerquote, denn wenn man mit 6, 8 oder noch mehr Ziffern gleichzeitig rechnen soll, schleichen sich schnell Fehler ein und die Geschwindigkeit in der du die Aufgabe lösen kannst, nimmt stark ab. Um dies zu vermeiden, ist es sinnvoll die Aufgabe zu zerlegen und somit zu vereinfachen.

$514 + 300 + 85$

Durch diese einfache Umwandlung, wird die Aufgabe auf einen Schlag viel einfacher zu lösen, weil du jetzt nur $814+85$ berechnen musst. Du hast die Hunderter durch diesen einen Schritt und durch die Berechnung des Teilergebnisses nun ,eliminiert' und übrig bleiben nur noch 4 Ziffern, die addiert werden müssen.

Im Prinzip ist die jetzige Additionsaufgabe:

$14 + 85$

    diese könnte man nun auch noch weiter vereinfachen
zu

$14 + 80 + 5 = 99$

$514 + 300 + 80 + 5 = 899$

Aber ein Großteil braucht diese weitere Vereinfachung nicht, da es, wie wir eben schon feststellten, für die meisten Menschen kein Problem ist, zweistellige Zahlen zu addieren. Trotzdem ist es keine Schande vor allem am Anfang diese weitere Vereinfachung durchzuführen. Du wirst sehen, dass du dies nach ein wenig Übung nicht mehr brauchst.

<u>Übungsaufgaben:</u>

$384 + 932 =$

_____

_____

$9842 + 6523 =$

_____

_____

Das Zerlegen von Additionsaufgaben bedeutet auch nicht immer nur zu addieren. Manchmal kann es einfacher und schneller sein, zu subtrahieren.

Wenn du beispielsweise

$798 + 463$

berechnen sollst, erkennst du sicherlich sofort, dass 798 sehr nah bei 800 liegt.

Dadurch ist es sinnvoll die 798 in $800 - 2$ zu zerlegen. So bekommst du dann

$800 + 463 - 2 =$

$1263 - 2 = 1261$

Durch das Zerlegen der 798 in 800–2 wird die Addition

sehr viel einfacher.

Keine Angst, wenn du den Eindruck hast, dass du bei dieser Aufgabe die ‚alte' Rechenmethode angewendet hättest und somit bei einer reinen Summenberechnung geblieben wärst. Dein Gehirn muss sich erst umstellen. Je öfter du solche Aufgaben übst, desto eher erkennt es diese Zusammenhänge und kann dann auch bei anderen Aufgaben auf den nächsten Zehner, Hunderter, Tausender usw. runden. Mit der Zeit wirst du merken, dass es dir immer leichter fällt, Aufgaben zu zerlegen und Muster zu erkennen. Das ist alles nur eine Sache der Übung.

<u>Übungsaufgaben:</u>

$694 + 638 =$

_____

_____

$7698 + 5395 =$

_____

_____

$1285 + 3496 =$

_____

_____

# SUBTRAKTION

Für die Subtraktion verwendet man letztendlich dieselbe Methode wie für die Addition – man zerlegt und vereinfacht die Aufgabe. Aus irgendeinem Grund ist es für unser Gehirn schwieriger zu subtrahieren als zu addieren und die Mehrheit der Menschen findet somit subtrahieren schwerer als addieren, so dass es schon bei zweistelligen Zahlen sinnvoll ist die Zahl weiter zu zerlegen.

Wenn man beispielsweise

$84 - 33$

berechnen soll, ist es einfacher

$84 - 30 - 3$

zu berechnen. Hier berechne ich erst 84–30=54 und dann subtrahiere ich noch die 3

$54 - 3 = 51$

Dass war noch relativ einfach und die Subtraktion kann sicher von jedem problemlos durchgeführt werden. Wie sieht es aber bei der nächsten Aufgabe aus?

$74 - 48$

wenn man diese Aufgabe wie eben zerlegt, erhält man

$74 - 40 - 8$

hier besteht sicher kein Problem bei der Berechnung 74-40

aber interessant wird es dann doch schon, wenn man letztendlich vom Teilergebnis (74–40=34) noch die 8 abziehen muss.

34 – 8

Das ist natürlich nicht unmöglich, aber man stolpert bei der Berechnung über den Fakt, dass die 8 größer ist als die 4. Dies erschwert die Berechnung schon ein wenig und kostet Zeit. Da stellt sich die Frage, ob es nicht eine bessere und schnellere Variante gibt. Tatsächlich gibt es sogar 2 bessere und schnellere Rechenwege um diese Art Aufgaben zu lösen, die wir dir im Folgenden zeigen.

## 1. Variante

74 – 48

Wenn wir uns die Aufgabe genau anschauen, sehen wir sofort, dass sich die 48 sehr gut zum nächsten Zehner aufrunden lässt. Das heißt die 48 ist nur 2 entfernt von 50.

1. Schritt:

den Subtrahenden zum **nächst größeren Zehner** aufrunden

48 + 2 = **50**

2. Schritt:

Umwandlung der Ausgangsaufgabe in die neue Aufgabe mit aufgerundetem **Subtrahenden**, wobei man die 2, die man zu der 48 addiert um auf **50** zu kommen, natürlich auch wieder in die Aufgabe mit eingliedert und addiert

74 – 48 wird zu

74 – **50** + <u>2</u>

<u>3. Schritt:</u>

die Differenz bilden

74 – **50** + <u>2</u> =

24 + <u>2</u> =

<u>4. Schritt:</u>

die Summe bilden

24 + <u>2</u> = 26

Somit haben wir die Aufgabe in eine Subtraktion und eine Addition zerlegt und vor allem durch das Aufrunden zum nächsten Zehner eine extreme Vereinfachung der Berechnung erlangt. Nun gibt es aber auch noch eine 2. Variante diese Aufgabe zu vereinfachen und zu lösen.

**2. Variante**

7**4** – 4<u>8</u>

<u>1. Schritt:</u>

beide Zahlen auf die nächst kleinere Zehnerstelle abrunden

74 wird zu 70 übrig bleibt **4**

48 wird zu 40 übrig bleibt <u>8</u>

2. Schritt:

die Differenz der beiden Zehner bilden und somit das *erste Teilergebnis* berechnen

70 – 40 = *30*

3. Schritt:

die beiden übrig gebliebenen Zahlen (**4** und <u>8</u>) der Größe nach subtrahieren und somit das zweite Teilergebnis berechnen

<u>8</u> – **4** = 4

4. Schritt:

das zweite Teilergebnis vom *ersten Teilergebnis* abziehen und somit das Gesamtergebnis berechnen

*30* – 4 = 26

Sicherlich benötigen viele gute Rechenkünstler diese beiden Varianten nicht unbedingt bei der Subtraktion zweier zweistelliger Zahlen. Nichtsdestotrotz ist es sinnvoll diese beiden Rechenmethoden kurz zu üben bevor du zu den dreistelligen Zahlen springst.

Übungen:

73 – 47 =

## 1. Variante:

_____

_____

_____

_____

## 2. Variante:

_____

_____

_____

_____

$85 - 69 =$

## 1. Variante:

_____

_____

_____

_____

## 2. Variante:

_____

_____

_____

_____

Die tatsächliche Zeitersparnis, die wir durch diese Methoden des Zerlegens erreichen können, wird erst bei größeren Zahlen z.B. dreistelligen Zahlen ersichtlich. Verkomplizieren wir also alles ein bisschen, indem wir dreistellige Zahlen subtrahieren.

<u>Beispiel:</u>

716 – 342

die Zehnerstelle des Minuenden (16) ist kleiner als die des Subtrahenden (42). Wie wir schon wissen, macht das die Berechnung etwas komplizierter. Also versuchen wir mal gemeinsam die Aufgabe zu vereinfachen und wenden Schritt für Schritt die 1. Variante an.

## 1. Variante

716 – 342

<u>1. Schritt:</u>

den Subtrahenden zum **nächst größeren Hunderter** aufrunden

342 + <u>58</u> = **400**

<u>2. Schritt:</u>

Umwandlung der Ausgangsaufgabe in die neue Aufgabe mit **aufgerundetem Subtrahenden**, wobei man die <u>58</u>, die man zu der 342 addiert um auf **400** zu kommen, natürlich auch wieder in die Aufgabe mit eingliedert und addiert

716 − 342 wird zu

716 − **400** + <u>58</u>

3. Schritt:

die Differenz bilden

716 − **400** + <u>58</u> =

316 + <u>58</u>=

4. Schritt:

die Summe bilden

316 + <u>58</u>= 374


Wie wir wissen, gibt es auch noch eine andere Möglichkeit diese Aufgabe zu vereinfachen. Wie in der 2. Variante schon gelernt, kann man beide Zahlen – also Minuend und Subtrahend – zur kleineren Hunderterstelle abrunden und dann die Differenz der beiden Zehnerstellen bilden und diese dann vom Teilergebnis abziehen.


**2. Variante**

7**16** − 3<u>42</u>

1. Schritt:

beide Zahlen auf die nächst kleinere Hunderterstelle abrunden

716 wird zu 700 übrig bleibt **16**

342 wird zu 300 übrig bleibt <u>42</u>

2. Schritt:

die Differenz der beiden Hunderter bilden und somit das *erste Teilergebnis* berechnen

700 − 300 = *400*

3. Schritt:

die beiden übrig gebliebenen Zahlen der Zehnerstellen (**16** und <u>42</u>) der Größe nach subtrahieren und somit das zweite Teilergebnis berechnen

<u>42</u> − **16** = 26

4. Schritt:

das zweite Teilergebnis vom *ersten Teilergebnis* abziehen und somit das Gesamtergebnis berechnen

*400* − 26 = 374

So, nun bist du dran diese beiden Varianten ein wenig zu üben, um sie zu verfestigen.

<u>Übungsaufgaben:</u>

647 − 325 =

## 1. Variante:

_____

_____

_____

_____

## 2. Variante:

_____

_____

_____

_____

$398 - 143 =$

## 1. Variante:

_____

_____

_____

_____

## 2. Variante:

_____

_____

_____

_____

$845 - 432 =$

## 1. Variante:

_____

_____

_____

_____

## 2. Variante:

_____

_____

_____

_____

# SUBTRAKTION VON NATÜRLICHEN ZEHNERPOTENZEN

Auch die Subtraktion von natürlichen Zehnerpotenzen (10, 100, 1000 usw.) kann durch kleine Rechentricks einfacher und schneller gemacht werden, so dass man komplexe Aufgaben ohne Probleme durch Kopfrechnen lösen kann. Eine Vedische Regel zur Subtraktion lautet: Alles von 9 und die Letzte von 10. Das klingt erst einmal komisch, macht aber tatsächlich Sinn.

Beispiel:

10000 − 3452 =

1. Rechenschritt:

**Alle** von 9 und die <u>Letzte</u> von 10 − das heißt wir ziehen zuerst alle Ziffern des Subtrahenden **345**... von 9 ab außer der letzten Ziffer, also außer der <u>2</u> und setzen dann die jeweiligen Ergebnisse einfach in der bestehenden Reihenfolge zusammen.

10000 − **345<u>2</u>** = **654**...

$$9 - 3 = 6$$

$$9 - 4 = 5$$

$$9 - 5 = 4$$

2. Rechenschritt:

**Alle** von 9 und die <u>Letzte</u> von 10 – wir müssen nun also nur noch die letzte Ziffer des Subtrahenden **345<u>2</u>** von 10 abziehen und das Ergebnis an das schon berechnete Teilergebnis anfügen.

$10000 - \mathbf{345\underline{2}} = \mathbf{654\underline{8}}$

$10 - \underline{2} = \underline{8}$

**Aufpassen:** Sobald man einen Subtrahend hat, der aus weniger Zahlen besteht, als Nullen hinter der 1 beim Minuend vorhanden sind, muss man sich eine extra 0 hinzudenken und diese vor den Subtrahend setzen.

$10000 - 293 =$

der Minuend 10000 hat 4 Nullstellen; der Subtrahend 293 hat aber nur 3 Stellen und deswegen muss man eine *extra 0* vor den Subtrahenden setzen

$10000 - \mathit{0}\mathbf{29\underline{3}} = \mathit{9}\mathbf{70\underline{7}}$

$9 - \mathit{0} = \mathit{9}$

$9 - \mathbf{2} = \mathbf{7}$

$9 - \mathbf{9} = \mathbf{0}$

$10 - \underline{3} = \underline{7}$

<u>noch ein Beispiel:</u>

$10000 - 45 =$

wird zu

$10000 - 004\underline{5} = 99\underline{55}$

$$9 - 0 = 9$$

$$9 - 0 = 9$$

$$9 - 4 = \textbf{5}$$

$$10 - \underline{5} = \underline{5}$$

Letztendlich kann man automatisch eine 9 an die erste Stelle des Ergebnisses setzen, sobald man erkennt, dass der Minuend mehr Stellen hinter der 1 hat als der Subtrahend.

Übungen:

$1000 - 74 =$

_____

_____

_____

_____

$1000 - 534 =$

_____

_____

_____

_____

$10000 - 56 =$

_____

_____

_____

_____

_____

$100000 - 543 =$

_____

_____

_____

_____

_____

_____

# ADDITION UND SUBTRAKTION VON BRÜCHEN

Die Rechenweise ist der unsrigen, die wir in der Schule lernen, sehr ähnlich und deswegen führen wir sie hier auch nur sehr kurz aus.

**Begriffsdefinitionen:**

**Zähler:** ist die Zahl über dem waagerechten Strich (Bruchstrich)

*Nenner:* ist die Zahl unter dem waagerechten Strich (Bruchstrich)

Bruchstrich: ist der waagerechte Strich, der Zähler und Nenner teilt

**Additionsbeispiel:**

$$\frac{2}{3} + \frac{1}{5} = \frac{...}{...}$$

zuerst berechnen wir den **Zähler**

1. Schritt:

kreuzweise Multiplizieren – d.h. der Zähler des ersten Bruches (**2**) wird mit dem Nenner des zweiten Bruches (**5**) multipliziert und der Zähler des zweiten Bruches (**1**) wird mit dem Nenner des ersten Bruches (*3*) multipliziert.

$$\underline{\frac{2}{3}} \times \underline{\frac{1}{5}} = \underline{\dots}$$

$2 \times 5 = 10 \qquad 1 \times 3 = 3$

2. Schritt:

beide Teilergebnisse werden addiert und kommen in den **Zähler**

$10 + 3 = \underline{\mathbf{13}}$

nun berechnen wir noch den *Nenner*

1. Schritt:

der Nenner des ersten Bruches (*3*) wird mit dem Nenner des zweiten Bruches (*5*) multipliziert.

$3 \times 5 = 15$

2. Schritt:

Ergebnis wird als *Nenner* in das Gesamtergebnis eingefügt

$$\underline{\frac{2}{3}} + \underline{\frac{1}{5}} = \underline{\frac{13}{15}}$$

## Subtraktionsbeispiel:

$$\frac{2}{3} - \frac{1}{5} = \frac{\dots}{\dots}$$

zuerst berechnen wir den **Zähler**

<u>1. Schritt:</u>

kreuzweise Multiplizieren – d.h. der Zähler des ersten Bruches (**2**) wird mit dem Nenner des zweiten Bruches (*5*) multipliziert und der Zähler des zweiten Bruches (**1**) wird mit dem Nenner des ersten Bruches (*3*) multipliziert.

$$\frac{2}{3} \quad x \quad \frac{1}{5} = \frac{\dots}{\dots}$$

**2** x *5* = 10     **1** x *3* = 3

<u>2. Schritt:</u>

beide Teilergebnisse werden subtrahiert und kommen in den Zähler

$$10 - 3 = \frac{7}{\dots}$$

nun berechnen wir noch den *Nenner*

<u>1. Schritt:</u>

der Nenner des ersten Bruches (*3*) wird mit dem Nenner des zweiten Bruches (*5*) multipliziert.

*3* x *5* = *15*

2. Schritt:

Ergebnis wird als *Nenner* in das Gesamtergebnis eingefügt

$$\underline{\frac{2}{3}} \; - \; \underline{\frac{1}{5}} \; = \; \underline{\frac{7}{15}}$$

Übungen:

$$\underline{\frac{3}{7}} \; + \; \underline{\frac{6}{8}} \; =$$

$$\underline{\frac{6}{5}} \; - \; \underline{\frac{4}{8}} \; =$$

# MULTIPLIKATION UND DIVISION

Auch hier gibt es ein paar Begriffe, die wir in den weiteren Kapiteln nutzen und deswegen werden wir sie hier ganz kurz erläutern.

**Multiplikation:** das Malnehmen zweier oder mehrerer Zahlen in der Form:

Faktor x Faktor = Produkt

**Division:** das Teilen einer Zahl durch eine oder mehrere Zahlen in der Form:

Dividend : Divisor = Quotient

# MULTIPLIKATION MIT 5

Beim Multiplizieren mit 5 zeigt sich wieder der Grundgedanke aller Rechentricks – das Vereinfachen einer Gleichung. In diesem Fall zerlegt man die 5 in ½ x 10 und kann somit die Gleichung vereinfachen. Dadurch wird aus 64x5 erst 64:2 und dann multipliziert man das Ergebnis noch mit 10 bzw. hängt an das Ergebnis einfach eine 0. Das liest sich wieder komplizierter, als es tatsächlich ist.

64 x 5

die 5 wird zu

$5 = ½ x 10 = 10 : 2$

somit wird die Aufgabe zu

$64 x 10 : 2 = 64 : 2 x 10 = 320$

Bei geraden Zahlen lässt sich diese Methode sehr einfach und ohne jegliche Probleme durchführen. Bei ungeraden Zahlen, funktioniert die Methode auch und es gibt zwei mögliche Lösungswege. Beim ersten muss man wissen, was man mit dem entstehenden Komma anfängt.

## 1. Lösungsweg für ungerade Zahlen

33 x 5

kann umgeschrieben werden in

33 x **10** : **2**

oder auch

33 : **2** x **10**

zur Vereinfachung klammern wir die **10** als Faktor erst einmal aus und rechnen nur

33 : **2** = 16,50

das entstandene Komma löst sich nun ganz schnell in Luft auf, wenn wir die eben ausgeklammerte **10** wieder mit zur Berechnung nehmen. Denn dann wird keine 0 an das Ergebnis angehangen, sondern das Komma um eine Stelle nach rechts verschoben.

16,5 x **10** = 165,0 = 165

Wer es vorzieht, sich keine Gedanken um das Komma machen zu müssen, kann die Gleichung auch ganz einfach umstellen.

## 2. Lösungsweg für ungerade Zahlen

Bei diesem Lösungsweg multipliziert man erst die ungerade Zahl mit der **10** und erhält so eine gerade Zahl als Ergebnis, das sich dann immer ohne Kommastelle durch **2** teilen lässt.

33 x **10** : **2**

hier klammern wir die **2** erst einmal aus und berechnen

33 x **10** = 330

    diese gerade Zahl teilen wir nun noch durch die vorher ausgeklammerte **2**

330 : **2** = 165

<u>Übungen:</u>

63 x 5 =

_____

_____

_____

_____

23 x 5 =

_____

_____

_____

_____

82 x 5 =

_____

_____

---

---

49 x 5 =

---

---

---

---

# MULTIPLIKATION SEHR GROßER (MEHRSTELLIGER) ZAHLEN MIT 5

Was passiert nun, wenn man nicht nur zweistellige Zahlen mit 5 multiplizieren soll? Was, wenn man z.B. eine sechsstellige Zahl mit 5 multiplizieren muss? Es ist eigentlich ganz einfach, denn man führt exakt die gleiche Rechenoperation durch, wie im eben erlernten Trick.

<u>Hier ein Beispiel:</u>

647282 x 5 =

647282 : 2 x 10

Ob du nun erst durch 2 dividierst oder mit 10 multiplizierst, ist dir überlassen. Wichtig ist nur, dass du dir zum vereinfachen der Rechnung die sechsstellige Zahl in kleinere Blöcke teilst.

647282 wird zu **64** / *72* / <u>82</u>   jetzt kannst du, wie gewohnt durch 2 teilen

64 : 2 = **32**   /   72 : 2 = *36*   /   82 : 2 = <u>41</u>

und fügst nun die jeweiligen Ergebnisse wieder in ihrer Reihenfolge zusammen

**32** / *36* / <u>41</u> wird zu **32***3*<u>641</u>

und das multiplizierst du nun mit 10

323641 x 10 = 3236410

Wenn die mehrstellige Zahl nun aber keine gerade Zahl ist und auch die kleinen Blöcke, in die wir sie einteilen, keine geraden Zahlen ergeben, wird die Berechnung ein kleines bisschen komplizierter.

534799 x 5 =

534799 : 2 x 10 =

534799 wird zu        **53** / *47* / <u>99</u>

53 : 2 = **26,5**   /    47 : 2 = *23,5*   /    99 : 2 = <u>49,5</u>

Hier müssen wir beim Zusammenfügen die Kommastellen beachten. Die Zahl hinter dem Komma muss jeweils mit der Zehnerstelle der nachfolgenden Zahl addiert werden. Außer der letzten Kommastelle – die bleibt bestehen und löst sich erst dann auf, wenn wir das entstandene Ergebnis mit 10 multiplizieren.

**26,5**

_ _ *23,5*

_ _ _ _ <u>49,5</u>

wir fangen mit dem Zusammensetzen des Ergebnisses von hinten an und erhalten somit:

_ _ _ _ <u>49,5</u>

nun müssen wir die *,5* des vorherigen Zahlenblocks zu der 4 hinzufügen – das bedeutet nichts anderes, als die 4 mit 5 zu addieren

_ _ _ _,5

_ _ _ _49,5    (4+5) = 9

_ _ _ _99,5

nun fügen wir nur den Rest der Zahl an, indem wir sie einfach vor unser Ergebnis stellen

_ _ 23,5

_ _ 2399,5

nach diesem Schema fügen wir nun auch den letzten Block Zahlen hinzu – also zu erst die ,5 und dann den Rest

_ _,5

_ _ 2399,5    (2+5) = 7

_ _ 7399,5

**26,5**

**267**399,5

das Ergebnis multiplizieren wir noch mit 10 und somit verschiebt sich das Komma um eine Stelle nach rechts und wir erhalten 2673995

$267399,5 \times 10 = 2673995$    $534799 \times 5 = 2673995$

Diese Methode ist natürlich bei jeder mehrstelligen Zahl, die mit 5 multipliziert werden soll, durchführbar. Sie ist nicht auf sechsstellige Zahlen beschränkt.

<u>Übungen:</u>

3456 x 5 =

_____

_____

_____

_____

418296 x 5 =

_____

_____

_____

_____

_____

873244 x 5 =

_____

_____

_____

_____

_____

_____

2134652 x 5 =

_____

_____

_____

_____

_____

_____

# MULTIPLIKATION EINER ZAHL MIT 11

Um jede zweistellige Zahl schnell im Kopf mit 11 zu multiplizieren gibt es einen simplen Trick: Multipliziere die Zahl mit 10 und addiere zu dem Teilergebnis noch einmal die Ausgangszahl.

$34 \times 11 = (34 \times 10) + 34 = 340 + 34 = 374$

Möglicherweise kanntest du diese Methode schon. Es gibt aber auch noch eine andere Methode. Sie funktioniert wie folgt:

Es ist klar, dass wenn man 2 zweistellig Zahlen miteinander multipliziert, das Ergebnis eine dreistellige Zahl ist. Wenn du nun eine beliebige zweistellige Zahl mit 11 multiplizierst, brauchst du nur den **Wert der Zehnerstelle** (also der **linke Zahlenwert**) der Ausgangszahl zu nehmen und ihn als Wert der Hunderterstelle (wieder auf die **linke Seite**) beim Ergebnis einsetzen. Den Wert der Einerstelle (die rechte Zahl) der Ausgangszahl übernimmst du genauso und setzt ihn als Wert der Einerstelle (wieder auf die rechte Seite) des Ergebnisses ein. Jetzt fehlt dir nur noch die Zehnerstelle (*Zahl in der Mitte*) des Ergebnisses und die bildest du, indem du den **Wert der Zehnerstelle** (der Ausgangszahl) plus den Wert der Einerstelle (der Ausgangszahl) addierst. Das liest sich komplizierter als es ist. Hier ein Zahlenbeispiel mit dem man es einfacher zeigen kann.

2<u>3</u> x 11

du nimmst also die **2** (Zehnerstelle) von der **2**3 und fügst sie als **2** in die Hunderterstelle (**linke Zahl**) des Ergebnisses ein – somit hast du nun

23 x 11 = **2**...

dann nimmst du die <u>3</u> (Einerstelle) von der 2<u>3</u> und fügst sie als <u>3</u> in die Einerstelle des Ergebnisses (<u>rechte Zahl</u>) ein – somit hast du nun

2<u>3</u> x 11 = 2...<u>3</u>

jetzt brauchst du nur noch die *Zahl in der Mitte* – also die Zehnerstelle deines Ergebnisses und diese berechnest du indem du **2** + <u>3</u> addierst = *5*

so kommst du zu

2<u>3</u> x 11 = 2*5*<u>3</u>

Hier kannst du sehen, dass der **linke Zahlenwert** der Ausgangszahl (Zehnerstelle) auch wieder der **linke Zahlenwert** des Ergebnisses ist. Der <u>rechte Zahlenwert</u> der Ausgangszahl (Einerstelle) wird der <u>rechte Zahlenwert</u> des Ergebnisses. Die *Zahl in der Mitte* (Zehnerstelle) ergibt sich aus der Summe des linken und rechten Zahlenwertes.

<u>Übungen:</u>

27 x 11 =

_____

_____

_____

34 x 11 =

_____

_____

_____

90 x 11 =

_____

_____

_____

43 x 11 =

_____

_____

_____

Diese Methode funktioniert bei jedem Vielfachen von 11. Es gibt nur eine einzige Komplikation – sobald die Summe des linken und rechten Zahlenwertes größer oder gleich 10 ist. In diesem Fall übernimmst du nur die Einerstelle (rechter Zahlenwert) der Summe und stellst ihn in die Mitte des Ergebnisses. Die Zehnerstelle (linker Zahlenwert) der Summe addierst du dann mit der Hunderterstelle (linker Zahlenwert) der Ausgangszahl. Auch hier, ist es einfacher ein Beispiel zu zeigen, als es wörtlich erklären zu wollen.

7<u>8</u> x 11

7<u>8</u> x 11 = **7**...

7<u>8</u> x 11 = **7**...<u>8</u>

7 + <u>8</u> = 1*5*     7<u>8</u> x 11 = (7+1)*5*<u>8</u> = 8*5*<u>8</u>

Wie du siehst, nimmst du die Zehnerstelle der Summe – hier 1 – einfach als Zahlenwert und addierst ihn mit der Hunderterstelle des Ergebnisses – hier 7.

<u>Versuch es mit den folgenden Übungen:</u>

66 x 11 =

_____

_____

_____

74 x 11 =

_____

_____

_____

87 x 11 =

_____

_____

_____

65 x 11 =

_____

_____

_____

39 x 11 =

_____

_____

_____

Mit dieser Basisberechnung kannst du nun auch andere Multiplikationsaufgaben einfacher lösen, wie zum Beispiel die Multiplikation mit 12 (du multiplizierst die Zahl mit 11 und addierst noch einmal den Ausgangszahlenwert), oder die Multiplikation mit 22 (multiplizierst die Zahl mit 11 und das Ergebnis multiplizierst du mit 2).

zum Beispiel:

63 x 12 =     6̲3̲ x 11 = 6̲9̲3̲ + 63 = 756

52 x 22 =     5̲2̲ x 11 = 5̲7̲2̲ x 2 = 1144

Diesen Rechentrick kannst du auch bei Zahlen anwenden, die mehr als zweistellig sind.

425 x 11 = 4.675

Siehst du schon, wie es funktioniert?

Wie du sicherlich schon gemerkt hast, kannst du die Regeln der vorangegangenen Berechnung übernehmen. Das heißt die **Hunderterstelle (linker Zahlenwert)** der Ausgangszahl wird die **Tausenderstelle (linker Zahlenwert)** des Ergebnisses. Ebenso wird die <u>Einerstelle (der rechte Zahlenwert)</u> der Ausgangszahl die <u>Einerstelle (rechter Zahlenwert)</u> des Ergebnisses.

Die beiden Zahlenwerte in der Mitte setzen sich nun wie folgt zusammen. Der vordere Zahlenwert des Ergebnisses (die Hunderterstelle) ist die Summe der beiden vorderen Zahlenwerte der Ausgangszahl – in dem Fall 4+2=6. Der hintere Zahlenwert des Ergebnisses (die Zehnerstelle) ist die Summe der beiden hinteren Zahlenwerte der Ausgangszahl – in dem Fall 2+<u>5</u>=7.

**42<u>5</u>** x 11 =

**42<u>5</u>** x 11 = **4**...<u>5</u>

4 + 2 = *6*    **42<u>5</u>** x 11 = **4***6*...<u>5</u>

2 + <u>5</u> = 7    **42<u>5</u>** x 11 = **4***6*7<u>5</u>

<u>Übungen:</u>

326 x 11 =

_____

_____

_____

514 x 11 =

_____

431 x 11 =

632 x 11 =

726 x 11 =

Hier gilt das Gleiche, wie in den vorherigen Aufgaben: wenn die Summen der beiden Zahlen (für die beiden mittleren Zahlenwerte des Ergebnisses) größer, oder gleich 10 sind, musst du zur jeweils rechts liegenden Zahl 1 addieren.

Hier ein Beispiel:

47$\underline{5}$ x 11 = **4**...$\underline{5}$

   7+$\underline{5}$ = $\underline{1}$2  = **4**..2$\underline{5}$ ($\underline{\pm 1}$)

4+7 = *11* ±1 = 12 = 4*22*5 (±1)

= 4 ±1   = 5*22*5

Übungen:

385 x 11 =

_____

_____

_____

467 x 11 =

_____

_____

_____

673 x 11 =

_____

_____

_____

849 x 11 =

_____

_____

_____

763 x 11 =

_____

_____

_____

# MULTIPLIKATION ZWEIER ZWEISTELLIGER ZAHLEN

Du weißt nun schon, dass das große Geheimnis und der Schlüssel zum schnellen Kopfrechnen darin liegt, die Aufgaben in Teilaufgaben runter zu brechen und zu vereinfachen. Um 2 zweistellige Zahlen zu multiplizieren, kann man 3 verschiedene Methoden nutzen.

**Erste Methode:**

Wandle die Gleichung in eine einfacher zu berechnende Gleichung durch das Zerlegen eines Faktors um.

73 x 57

Hier ist es einfacher den **rechten Faktor** in **50** und **7** zu zerlegen. So bekommt man (73x**50**)+(73x**7**). Man kann natürlich auch den <u>linken Faktor</u> zerlegen und bekommt dann (<u>70</u>x57)+(<u>3</u>x57). In beiden Fällen ist die entstandene Gleichung einfacher, da man nun (durch die 0 in der Einerstelle) nicht 2 zweistellige Zahlen, sondern eine zweistellige und eine einstellige Zahl multipliziert. So wird aus 73x**50** die Gleichung 73x**5** und man hängt die **0** dann einfach wieder ans Ergebnis an.

73 x **57** =        wird zu

(73 x **50**)+ (73 x **7**) =

1. Schritt:

50 zu einer 5 vereinfachen (die **0** merken) und 73 x 5 berechnen

(73 x **5**) = 365

2. Schritt :

die gemerkte **0** anhängen

= 365**0**

3. Schritt:

73 x **7** berechnen

(73 x **7**) = 511

4. Schritt:

beide Teilergebnisse addieren

3650 + 511 = 4161


Übungen:

74 x 34 =

_____

_____

53 x 37 =

_____

24 x 62 =

## Zweite Methode:

Wandle die Gleichung in eine einfacher zu berechnende Gleichung durch Aufrunden um.

24 x **69**

Bei dieser Gleichung könnte man natürlich das eben gelernte Vereinfachungsverfahren durchführen und die Aufgabe in 20x69+4x69 zerteilen. Effizienter wäre es aber, den **rechten Faktor (69)** zum nächst höheren Zehner **(70)** aufzurunden und die Gleichung somit zu vereinfachen. Man erhält dadurch 24x**70**–24.

24 x **69** =      wird zu

24 x **70** – 24 =

1. Schritt:

Multiplikation lösen (man löst hier natürlich 24x**7** und setzt die **0** dann einfach an das Ergebnis ran)

24 x **70** = 1680

Anne Bauer & Armando Elle

2. Schritt:

die 24 vom Teilergebnis abziehen

1680 − 24 = 1656

Diese Methode macht immer dann Sinn, wenn man Einerstellen mit den Zahlenwerten 8 oder 9 hat, d.h. wenn einer der beiden Faktoren nah an der jeweiligen höheren Zehnerstelle liegt. Wenn die zu lösende Aufgabe 24x68 ist, berechne ich das Ergebnis ebenfalls mit dieser Methode.

24 x 68 =     wird zu

24 x **70** − 24 x 2 = 1680 − 48 = 1632

Nutze die folgenden Aufgaben zum Üben:

32 x 69 =

_____

_____

54 x 38 =

_____

_____

62 x 89 =

_____

_____

**Dritte Methode:**

Wandle die Gleichung in eine einfacher zu berechnende Gleichung durch Abrunden um.

36 x **61**

Bei dieser Gleichung würde ich den **rechten Faktor (61)** auf den nächst niedrigeren Zehner **(60)** abrunden und die Gleichung somit vereinfachen. Man erhält dadurch 36x**60**+36.

36 x 61 =       wird zu

36 x **60** + 36 =

<u>1. Schritt:</u>

Multiplikation lösen (man löst hier natürlich 36x**6** und setzt die **0** dann einfach an das Ergebnis ran)

36 x **60** = 2160

<u>2. Schritt:</u>

die 36 zum Teilergebnis addieren

2160 + 36 = 2196

Diese Methode macht immer dann Sinn, wenn man Einerstellen mit den Zahlenwerten 2 oder 1 hat, d.h. wenn einer der beiden Faktoren nah an der jeweiligen niedrigeren Zehnerstelle liegt.

## Übungen:

32 x 67 =

_____

_____

74 x 91 =

_____

_____

56 x 42 =

_____

_____

Außer dieser 3 Vereinfachungsmethoden gibt es auch noch eine vedische Methode, um zwei beliebige zweistellige Zahlen zu multiplizieren. Im nächsten Kapitel zeigen wir dir, wie das genau funktioniert.

# MULTIPLIKATION BELIEBIGER ZWEISTELLIGER ZAHLEN (VEDISCHE METHODE)

Beliebige zweistellige Zahlen können auch mit der vedischen Methode multipliziert werden. Dazu muss man lediglich die Regel ‚vertikal und kreuzweise' anwenden und wenn man das System einmal verstanden hat, kann man damit sehr schnell und effektiv zweistellige Zahlen multiplizieren. Bei der vedischen Multiplikation werden die beiden Faktoren, die multipliziert werden sollen, untereinander geschrieben, um dann die einzelnen Ziffern kreuzweise und vertikal zu multiplizieren und zu addieren. Die Methode lässt sich besser an einem Beispiel veranschaulichen.

Beispiel:

23 x 46

1. Schritt:

beide Faktoren werden untereinander geschrieben, so dass die Zehnerstellen und die Einerstellen beider Faktoren exakt untereinander stehen

2   3

  x

4   6

2. Schritt:

wir multiplizieren vertikal, d.h. wir multiplizieren die
beiden **Zehnerstellen** und dann die beiden <u>Einerstellen</u>
der Faktoren

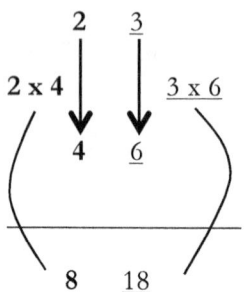

3. Schritt:

wir multiplizieren kreuzweise und addieren die Teilergebnisse, d.h. wir multiplizieren die **Zehnerstelle des
ersten Faktors** (**2**) mit der <u>Einerstelle des zweiten Faktors</u>
(<u>6</u>) und addieren dieses Teilergebnis mit dem Produkt aus
der Multiplikation der **Zehnerstelle des zweiten Faktors**
(**4**) mit der <u>Einerstelle des zweiten Faktors (3)</u>

$$(2 \times \underline{6}) + (4 \times \underline{3}) = 12 + 12 = 24$$

2     <u>3</u>

4     <u>6</u>

———————

8     <u>18</u>

*24*

Jetzt haben wir im Grunde schon unser Ergebnis (8 *24* 18) und müssen es nur noch angleichen, also in die normale Form der **Hunderter** *Zehner* Einer Zahl bringen. Das heißt, dass die Einerstelle die 18 nur aus einer Ziffer bestehen darf und wir somit nur die 8 übernehmen können. Dadurch rutscht die *1* der *1*8 in den Bereich der Zehnerstelle und muss deswegen mit der *24* addiert werden. Damit haben wir nun eine *25* an der Zehnerstelle und sehen uns mit dem gleichen Problem wie eben konfrontiert. Es darf nur eine Ziffer an der Zehnerstelle stehen. Wir übernehmen also die *5* aus der *25* und schieben die **2** zu unserer Hunderterstelle. Damit müssen wir die **8** unserer Hunderterstelle mit der **2** addieren und erhalten **10**. Da wir keine weiteren Stellen haben, kann diese **10** so stehen bleiben und wir haben unser Endergebnis von **10**58.

|  |  |  |  |
|---|---|---|---|
| **2** | **3** | | |
| x | | | |
| **4** | **6** | | |

| | | | |
|---|---|---|---|
| 8 | 24 | 18 | Einerstelle = 8 mit Rest 1 |
| 8 | *24* | 8 | (1+*24* = 2*5*) |
| 8 | *25* | 8 | *Zehnerstelle* = *5* mit Rest 2 |
| 8 | *5* | 8 | (2+**8** = **10**) |
| **10** | *5* | 8 | Hunderterstelle ist **10** |

= **10**58

<u>noch ein Beispiel zum Veranschaulichen:</u>

63 x 76

<u>1. Schritt:</u>

untereinander

**6**   <u>3</u>

  x

**7**   <u>6</u>

<u>2. Schritt:</u>

vertikal

  **6**   <u>3</u>

**6 x 7**   x   <u>3 x 6</u>

  **7**   <u>6</u>

———————————————

  **42**   <u>18</u>

<u>3. Schritt:</u>

kreuzweise

**6**      <u>3</u>

  x      (**6** x <u>6</u>) + (**7** x <u>3</u>) = 36 + 21 = *57*

**7**      <u>6</u>

———————————————

**42**   *57*   <u>18</u>

**42**  *57*  <u>18</u>  <u>Einerstelle</u> = <u>8</u> mit Rest 1

**42**  *57*  <u>8</u>  (1+*57* = 5*8*)

**42**  *58*  <u>8</u>  *Zehnerstelle* = *8* mit Rest 5

**42**  *8*  <u>8</u>  (5+**42** = **47**)

**47**  *8*  <u>8</u>  Hunderterstelle ist **47**

= **47***8*<u>8</u>

<u>Übungsaufgaben:</u>

73 x 36 =

_____

_____

_____

_____

_____

_____

_____

43 x 88 =

_____

_____

_____

_____

_____

_____

_____

66 x 23 =

_____

_____

_____

_____

_____

# MULTIPLIKATION VON ZAHLEN, DIE NAHE EINER ZEHNERPOTENZ LIEGEN

Diese Methode nutzt man, um Zahlen zu multiplizieren, die knapp unter oder über 10, 100 oder 1000 liegen. Man schreibt die beiden zu multiplizierenden Zahlen nebeneinander auf und berechnet wie viel man von 10, 100 oder 1000 abziehen muss, um auf den jeweiligen Faktor zu kommen. Das Ergebnis notiert man unter dem jeweiligen Ausgangsfaktor. Danach zieht man entweder das Ergebnis der Differenz aus dem rechten Faktor von dem linken Faktor ab oder genau umgekehrt, das Ergebnis der Differenz aus dem linken Faktor von dem rechten Faktor ab. Das Ergebnis aus dieser Subtraktion ist der erste Teil des Gesamtergebnisses. Jetzt muss man nur noch die beiden Differenzen (die unter den Faktoren stehen) multiplizieren und hat somit den zweiten Teil des Ergebnisses.

Beispiel:

100

97 x 99 =    beide Faktoren sind sehr nah bei 100

1. Rechenschritt:

berechne wie viel man von 100 abziehen muss, um auf 97 und 99 zu kommen und schreibe das Ergebnis unter die jeweilige Zahl

**97** x <u>99</u> =

**100 − 3 = 97**      <u>100 − 1 = 99</u>

   **−3** <u>−1</u>

## 2. Rechenschritt:

ziehe entweder die <u>rechte Zahl</u> vom linken Faktor, oder die **linke Zahl** vom rechten Faktor ab und schreibe das Ergebnis als erstes *Teilergebnis* auf

**97** x <u>99</u> = *96*

**97** <u>− 1</u> = *96*      <u>99</u> **− 3** = *96*

   **−3** <u>−1</u>

## 3. Rechenschritt:

schreibe zwei Nullen hinter das *Teilergebnis*

97 x 99 = *96*00

## 4. Rechenschritt:

multipliziere die unteren beiden Zahlen

97 x 99 = *96*00

−3 x <u>−1</u> = 3

## 5. Rechenschritt:

addiere das eben <u>errechnete Ergebnis</u> der Multiplikation mit dem *Gesamt*ergebnis

97 x 99 = *96*00 = *960*3

*96*00 + 3 = *960*3

So kannst du mit 5 Rechenschritten die Multiplikation von 97x99 berechnen.

Lass uns noch ein weiteres Beispiel zusammen machen. Dieses Mal mit zwei Faktoren kurz über 100.

100

103 x 110

1. Rechenschritt:

berechne wie viel man zu 100 addieren muss, um auf 103 und 110 zu kommen und schreibe das Ergebnis unter die jeweilige Zahl

**103** x 110 =

**100 + 3 = 103** 100 + 10 = 110

**+3** +10

2. Rechenschritt:

da wir jetzt positive Zahlen haben, müssen wir entweder die rechte Zahl mit dem linken Faktor oder die **linke Zahl** mit dem rechten Faktor addieren und können dann das erste *Teilergebnis* aufschreiben

**103** x <u>110</u> = *113*

**103** <u>+ 10</u> = *113*          <u>110</u> **+ 3** = *113*

**+3**   <u>+10</u>

3. Rechenschritt:

schreibe zwei Nullen hinter das *Teilergebnis*

103 x 110 = *113*00

4. Rechenschritt:

multipliziere die unteren beiden Zahlen

103 x 110 = *113*00

**+3** x <u>+10</u> = <u>30</u>

5. Rechenschritt:

addiere das eben <u>errechnete Ergebnis</u> der Multiplikation mit dem *Gesamt*ergebnis

103 x 110 = *113*00 = *113<u>30</u>*

*113*00 + <u>30</u> = *113<u>30</u>*

Diese Rechenmethode funktioniert auch dann, wenn ein Faktor über und der andere unter 100 ist.

Beispiel:

86 x 105

1. Rechenschritt:

berechne wie viel man von 100 abziehen muss, um auf 86 zu kommen und wie viel man zu 100 addieren muss, um 105 zu erreichen und schreibe das Ergebnis unter die jeweilige Zahl

$$86 \times \underline{105} =$$

$$100 - 14 = 86 \qquad \underline{100 + 5 = 105}$$

$$-14 \quad \underline{+5}$$

2. Rechenschritt:

jetzt addierst du entweder die <u>rechte Zahl</u> mit dem linken Faktor, oder subtrahierst die **linke Zahl** vom rechten Faktor und schon hast du das erste *Teilergebnis*

$$86 \times \underline{105} = \textit{91}$$

$$86 \underline{+ 5} = \textit{91} \qquad \underline{105} - \textbf{14} = \textit{91}$$

$$-14 \quad \underline{+5}$$

3. Rechenschritt:

schreibe zwei Nullen hinter das *Teilergebnis*

$$86 \times 105 = \textit{91}00$$

4. Rechenschritt:

multipliziere die unteren beiden Zahlen

$$86 \times 105 = \textit{91}00$$

**−14** x +5 = −70

5. Rechenschritt:

da das eben errechnete Ergebnis der Multiplikation negativ ist, musst du es einfach vom *Gesamt*ergebnis abziehen.

86 x 105 = *91*00 = 90<u>30</u>

*91*00 − 70 = 90<u>30</u>

Übungsaufgaben

84 x 93 =

_____

_____

_____

_____

_____

103 x 120 =

_____

_____

_____

schnelle & effektive Rechentricks

_____

_____

88 x 104 =

_____

_____

_____

_____

_____

# MULTIPLIKATION SPEZIELLER ZAHLEN

Wenn bei einer Multiplikationsaufgabe die erste Ziffer der beiden Faktoren gleich ist und die letzte Ziffer der beiden Faktoren addiert 10 ergibt, gibt es einen super Rechentrick, um die Aufgabe zu lösen. Man multipliziert erst die beiden **gleichen vorderen Ziffern** der Faktoren, wobei man eine der Ziffern um 1 erhöht. Danach multipliziert man die <u>letzten Ziffern</u>.

<u>Beispiel:</u>

8<u>3</u> x 8<u>7</u>

Check:    8... x 8...        **gleiche Ziffern**

<u>3</u> + <u>7</u> = 10     <u>Ziffern ergeben 10</u>

<u>1. Rechenschritt:</u>

Zehnerstellen (gleiche vordere Ziffern) werden multipliziert und eine wird um 1 größer gemacht.

**8 x 8(+1) =**

**8 x 9 = 72**

<u>2. Rechenschritt:</u>

Einer (letzten Ziffern, die gemeinsam 10 ergeben) multiplizieren

<u>3</u> x <u>7</u> = <u>21</u>

3. Rechenschritt:

    beide Ergebnisse zusammensetzen

**8 x 9 = 72**

  <u>3</u> x <u>7</u> = <u>21</u>

8<u>3</u> x 8<u>7</u> = **72<u>21</u>**


**ACHTUNG:** Wenn man bei der Multiplikation der Einer (letzten Ziffern, die addiert 10 ergeben) ein einstelliges Ergebnis bekommt, muss man eine 0 vor das Ergebnis setzen.

<u>Beispiel:</u>

**9<u>1</u> x 9<u>9</u> =**

**9 x 9(+1) = 90**

<u>1</u> x <u>9</u> = <u>9</u> = <u>09</u>

9<u>1</u> x 9<u>9</u> = **90<u>09</u>**


<u>Übungsaufgaben:</u>

23 x 27 =

---

_____

_____

41 x 49 =

_____

_____

_____

67 x 63 =

_____

_____

_____

# QUADRIEREN

Wenn man das Quadrat einer Zahl bildet, bedeutet das nichts anderes, als das man die Zahl mit sich selbst multipliziert. Man könnte es also letztendlich als eine spezielle Art der Multiplikation verstehen, bei dem die beiden zu multiplizierenden Faktoren gleich sind.

Im Folgenden zeigen wir dir, wie du sehr schnell und effektiv das Quadrat einer Zahl bilden kannst.

# DAS QUADRAT VON ZWEISTELLIGEN ZAHLEN, DIE AUF 5 ENDEN

Was muss man nun machen, um das Quadrat einer zweistelligen Zahl, die auf 5 endet, zu bilden? Als erstes zerlegt man die Ausgangszahl in zwei Teile – in den Zahlenwert der Zehnerstelle und den Zahlenwert der Einerstelle. Den Zahlenwert der Zehnerstelle multipliziert man dann mit der Summe aus dem Zahlenwert selbst plus 1.

Wie immer lässt es sich besser direkt am Beispiel erklären.

Beispiel:

$85^2$ wird zu

$$8 \times (8+1) = 72$$

$85^2 = 72...$

Als zweites nimmt man nun noch den Zahlenwert der Einerstelle und multipliziert ihn mit sich selbst.

$$5 \times 5 = 25$$

Nun muss man nur beide Ergebnisse aneinanderfügen und hat das Quadrat der zweistelligen Zahl.

$85^2 = 7225$

<u>hier noch ein Beispiel mit dem Quadrat von 75:</u>

$75\underline{{}}^2 =$

    **7 x (7+1) = 56**

$75\underline{{}}^2 = 56...$

    $\underline{5} \times \underline{5} = \underline{25}$

$75\underline{{}}^2 = 56\underline{25}$

Bei allen zweistelligen Zahlen, die auf 5 enden, kannst du dann natürlich den zweiten Schritt weglassen, da du ja das Ergebnis – 25 – schon kennst. Am Ende multiplizierst du also nur den Zahlenwert der Zehnerstelle mit sich selbst plus 1. So wird eine komplizierte Quadratzahlenberechnung zu einer einfachen Rechenaufgabe des Einmaleins.

<u>Übungen:</u>

$15^2 =$

_____

_____

$25^2 =$

_____

_____

$65^2 =$

---

---

Um das Quadrat von dreistelligen Zahlen, die auf 5 enden, zu berechnen, führt man die gleichen Rechenschritte durch, nur das man hier nun zwei zweistellig Zahlen multipliziert und dann die 25 hinten an das Ergebnis anhängt.

<u>Beispiel:</u>

**$22\underline{5}^2 =$**

**22 x (22+1) = 506**

$\underline{5}$ x $\underline{5}$ = $\underline{25}$

**$22\underline{5}^2 = 506\underline{25}$**

Problematisch ist hier nur, dass du eine Multiplikation von 2 zweistelligen Zahlen durchführen musst. Der Rest der Berechnung, bleibt exakt gleich. Im Kapitel zur Multiplikation zweier zweistelliger Zahlen (Seite 55) hast du aber schon ein paar Tricks erlernt, die diese Berechnung vereinfachen.

# DAS QUADRAT VON ZWEISTELLIGEN ZAHLEN

In der Schule wird folgende Methode gelehrt:

$(a + b)^2 = a^2 + 2ab + b^2$

Diese Methode ist unsere Ausgangsmethode, die wir im Folgenden vereinfachen. Am Besten funktioniert das mit einem Beispiel.

Nehmen wir an, wir wollen das Quadrat von 73 berechnen. Um das Quadrat mit der in der Schule erlernten Methode zu berechnen, müssen wir die $73^2$ in $(70+3)^2$ teilen. Sobald das geschehen ist, können wir die Zahlenwerte in die ganz normale und allseits bekannte Formel einsetzen.

$$(\mathbf{a} + \underline{b})^2 = a^2 + 2a\underline{b} + \underline{b}^2$$

$$73^2 = (\mathbf{70+\underline{3}})^2 = \mathbf{70}^2 + 2 \times \mathbf{70} \times \underline{3} + \underline{3}^2$$

$$= 4900 + 420 + 9 = 5329$$

Nun verbessern wir unsere Ausgangsformel:

$(\mathbf{a} + \underline{b})^2 = a^2 + 2a\underline{b} + \underline{b}^2$      wird zu

$(\mathbf{a} + \underline{b})^2 = \mathbf{a} \times (\mathbf{a} + 2\underline{b}) + \underline{b}^2$      für unsere Aufgabe bedeutet das:

$(\mathbf{70+\underline{3}})^2 = \mathbf{70} \times (\mathbf{70} + \underline{6}) + \underline{3}^2$

$$= 70 \times 76 + 9 = 5320 + 9 = 5329$$

Lass uns noch ein paar Beispielaufgaben zusammen machen, um die Formel in deinen Gedanken etwas zu verfestigen.

Um das Quadrat aus 63 zu berechnen, bekommt man 63x63. Um die Berechnung zu vereinfachen und in die Formel einzupassen, ziehst du die $\underline{3}$ vom linken Faktor bzw. der linken 63 ab um **60** zu erhalten. In dem Moment, wo du die $\underline{3}$ links abgezogen hast, muss du sie bei dem rechten Faktor wieder hinzufügen. Somit bekommst du also 66 als rechten Faktor. Um die Aufgabe $63^2$ in die Formel einzupassen, müssen wir jetzt nur noch das Quadrat der Zahl bilden, die wir beim linken Faktor abgezogen und beim rechten Faktor hinzugefügt haben – hier also die $\underline{3}$.

Somit haben wir nun **60** x 66 + $\underline{3}^2$.

$$63^2 = (\mathbf{63} - \underline{3}) \times (\mathbf{63} + \underline{3}) + \underline{3}^2$$

$$= \mathbf{60} \times (\mathbf{60} + (2 \times \underline{3})) + \underline{3}^2$$

$$= \mathbf{60} \times 66 + \underline{3}^2 = 3960 + 9 = 3969$$

Lass uns ein letztes Beispiel zusammen machen.

$54^2$ oder auch 54 x 54

Du ziehst als erstes die $\underline{4}$ von der 54 ab und erhältst **50** als den linken Faktor. Die abgezogene $\underline{4}$ musst du dem rechten Faktor hinzufügen, erhältst somit 58. Nun musst du lediglich noch das Quadrat von 4 bilden. Somit kommen wir zu der Gleichung:

$54^2 = \mathbf{50} \times (\mathbf{50} + \underline{8}) + \underline{4}^2 = 2900 + 16 = 2916$

Bisher haben wir unseren linken Faktor immer so verändert, dass wir ihn auf die nächst kleinere Zehnerstelle abgerundet haben. Also von 54 auf 50 und von 63 auf 60. Man kann die ganze Berechnung aber auch durchführen, indem man einen Faktor auf die nächst höhere Zehnerstelle aufrundet.

Wir wollen das Quadrat von 66 berechnen. Die Ausgangsformel ist also 66x66. Als erstes runden wir die 66 zur 70 auf – wir addieren also 4 zum **linken Faktor**. Demnach müssen wir bei dem rechten Faktor 4 subtrahieren. Um die Formel dann zu vervollständigen, brauchen wir nur noch das Quadrat von 4 berechnen. Wir haben also nun folgende Formel.

$66^2 = \mathbf{70} \times (\mathbf{70} - \underline{8}) + \underline{4}^2$

$\quad = \mathbf{70} \times 62 + \underline{4}^2$

$= 4340 + 16 = 4356$

<u>Übungen:</u>

$42^2 =$

---

---

$58^2 =$

---

---

$37^2 =$

---

---

$82^2 =$

---

---

# NACHWORT

Es ist noch kein Rechenmeister vom Himmel gefallen und deswegen ist es natürlich wichtig zu üben und sich die einzelnen Rechentricks und Methoden immer mal wieder vor Augen zu führen. Am besten ist es, wenn du die Zeit hast, an 2 Tagen der Woche für ein paar Minuten verschiedene Aufgaben und Rechenwege zu üben. Du wirst schnell feststellen, dass sich dein Gehirn an die neuen Aufgaben und die kreative Denkweise anpasst und du Rechnungen immer schneller lösen kannst.

Wir hoffen, dass du in dem kurzen Buch einige interessante Wege entdeckt hast, um mathematische Aufgaben mal etwas anders zu lösen. Vielleicht hast du ja sogar festgestellt, dass Mathematik nicht langweilig sein muss. Wir würden uns freuen, wenn wir zumindest ein bisschen Neugier bei dir geweckt haben.

Wenn dir das Buch gefallen hat, würden es uns sehr helfen, wenn du dir ein paar Minuten Zeit nehmen könntest, um auf Amazon kurz deine Meinung mitzuteilen. Falls du zusätzlich irgendwelche Fragen, Anregungen oder Kommentare hast, freuen wir uns auch über deine E-Mail an anne.bauer.books@gmail.com oder über einen Kontakt auf meiner Webseite www.annetopia.wordpress.com.

Wenn du während des Übens festgestellt hast, dass du dir all die Zahlen und Teilergebnisse schlecht merken kannst, haben wir eine gute Nachricht für dich. Denn zum Trainieren deines Erinnerungsvermögens haben wir das Buch 'schnelles & effektives Gedächtnistraining: *Anleitung zu einem brillanten Gedächtnis*' geschrieben, was du z.B. bei Amazon finden kannst.

**Vielen Dank fürs Lesen!**

Anne & Armando

# NOTIZEN

# NOTIZEN

www.ingramcontent.com/pod-product-compliance
Lightning Source LLC
Chambersburg PA
CBHW071723170526
45165CB00005B/2126